我是传奇

尤塞恩·博尔特

流年 著　锄豆文化 编绘

北京时代华文书局

图书在版编目（CIP）数据

尤塞恩·博尔特 / 流年著；锄豆文化编绘. —北京：北京时代华文书局，2024.3
（我是传奇）
ISBN 978-7-5699-5397-8

Ⅰ. ①尤… Ⅱ. ①流… ②锄… Ⅲ. ①儿童故事—中国—当代 Ⅳ. ① I287.5

中国国家版本馆 CIP 数据核字（2024）第 052761 号

拼音书名 | WO SHI CHUANQI
　　　　　YOUSAIEN BOERTE

出 版 人 | 陈　涛
选题策划 | 直笔体育　徐　琰
责任编辑 | 马彰羚
责任校对 | 初海龙
封面设计 | 王淑聪
责任印制 | 訾　敬

出版发行 | 北京时代华文书局 http://www.bjsdsj.com.cn
　　　　　北京市东城区安定门外大街 138 号皇城国际大厦 A 座 8 层
　　　　　邮编：100011　电话：010-64263661　64261528
印　　刷 | 三河市嘉科万达彩色印刷有限公司　0316-3156777
　　　　　（如发现印装质量问题，请与印刷厂联系调换）
开　　本 | 710 mm × 1000 mm　1/16　印　张 | 2.5　字　数 | 29 千字
版　　次 | 2024 年 3 月第 1 版　　　　　印　次 | 2024 年 3 月第 1 次印刷
成品尺寸 | 170 mm × 230 mm
定　　价 | 198.00 元（全十册）

版权所有，侵权必究

开篇

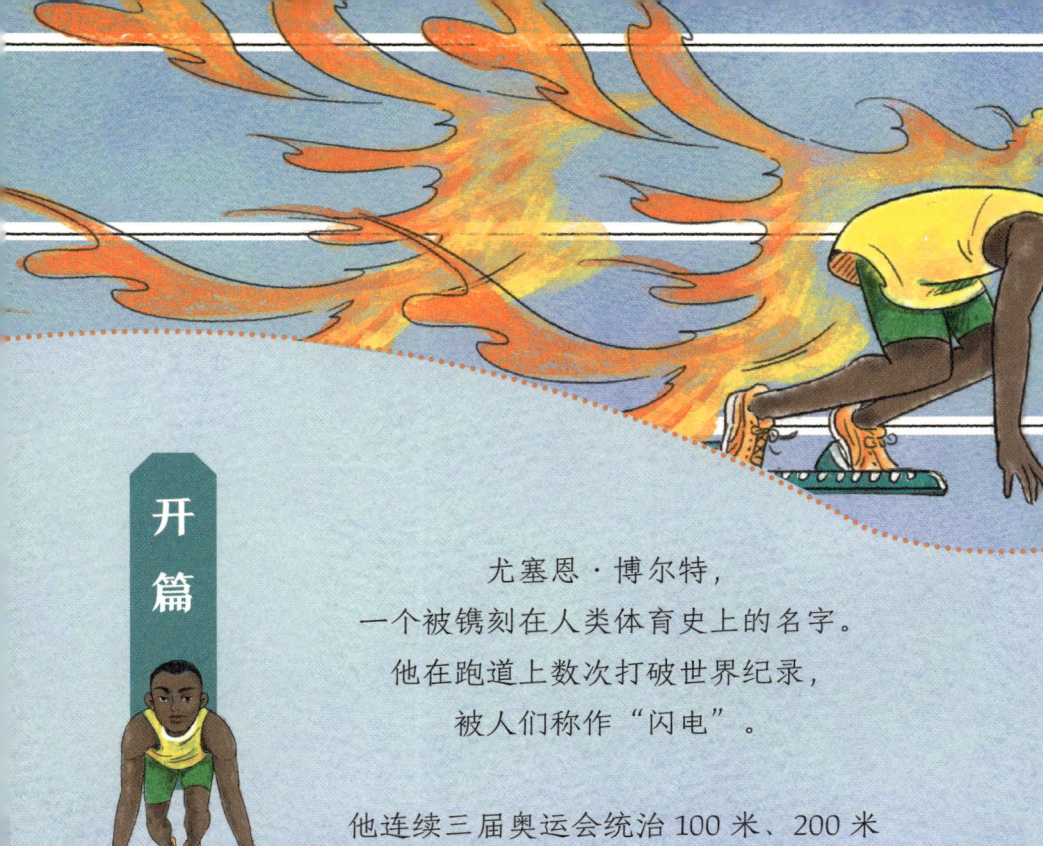

尤塞恩·博尔特,
一个被镌刻在人类体育史上的名字。
他在跑道上数次打破世界纪录,
被人们称作"闪电"。

他连续三届奥运会统治100米、200米
和4×100米接力三个项目,
夺得8枚金牌,震古烁今。

博尔特

从起跑到跨越终点线,
也许不过短短的10秒,
博尔特却用几十年如一日的坚持,
书写了完美的"人生10秒"。

其中有他为家人而战的朴素理想,
有他面对困难时的不屈斗志,
有他攀上巅峰后的持之以恒,也有他最终告别时的悲壮释怀。
走进博尔特的故事,
这里不仅有"田径神话",还有无数值得铭记和回味的"人生佳话"。

从顽皮到**拼命努力**，他要为家人而战

1986 年 8 月 21 日，牙买加谢伍德康坦特小镇迎来了一声响亮的哭声，镇上杂货店老板的儿子出生了。这个小男孩就是博尔特。

小时候的博尔特哭声非常响亮，每次啼哭几乎要把屋顶掀翻。正是因为这个，父亲曾立志将博尔特培养成世界级的男高音歌唱家。

博尔特刚出生时,家里的生活条件还不错。但是后来杂货店的生意越来越差,尽管父亲向亲戚朋友们借了很多钱,也没能让杂货店的生意起死回生。

博尔特家的生活陷入了泥沼中,母亲为了补贴家用,每天都要**辛苦地打零工**。作为一家之主的父亲看在眼里,急在心上,一边自责一边寻找走出生活困境的办法。

博尔特非常顽皮，经常跟父亲搞恶作剧，每次父亲想要抓住他好好教训一顿时，他总是能够以闪电般的速度逃脱。这让一筹莫展的父亲突然看到了希望：**博尔特竟然有跑步的天赋。**

在贫穷落后的牙买加，靠跑步挣钱改善家庭环境的例子非常多。于是，父亲决定把博尔特送到体校练习短跑。一方面，他不想浪费博尔特的天赋；另一方面，他希望博尔特**能够跑出名堂，改变一家人的命运。**

但是，博尔特不喜欢跑步，刚进体校的时候，他对待训练常常是三天打鱼，两天晒网，有时候还会干扰其他队友的训练，无论教练怎么说，都丝毫不起作用。直到几个月后发生了一件事，才让博尔特彻底改变。

母亲想在博尔特过生日的时候,送给他一双跑鞋作为礼物。

跑鞋的价钱很高,母亲为了多赚些钱,每天没日没夜地工作——

白天去帮别人扛麻袋,晚上又在昏暗的灯光下做裁缝活。

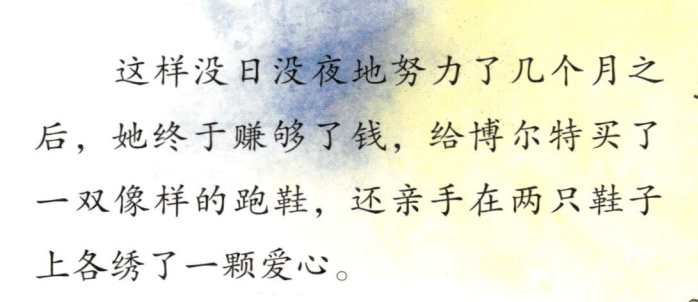

这样没日没夜地努力了几个月之后,她终于赚够了钱,给博尔特买了一双像样的跑鞋,还亲手在两只鞋子上各绣了一颗爱心。

博尔特看到那双跑鞋,激动得手舞足蹈,扑过去想要拥抱母亲。可当他碰触到母亲时,母亲突然痛苦地大叫了一声。博尔特看见母亲一只手扶在腰上,表情非常痛苦。这个时候他才知道,母亲为了给他买鞋,连续几个月辛苦劳作,落下了难以根治的腰痛病。

那一刻,博尔特明白了母亲的良苦用心。

他紧紧地抱住母亲,流着眼泪说:

妈妈,谢谢您为我做的一切,我以后一定好好训练,再也不偷懒了。

从那以后,博尔特好像换了一个人似的,再也不偷懒了,也不调皮捣蛋了。他穿着母亲为他买的跑鞋,每天刻苦训练。

每当想要偷懒的时候,博尔特低头看看自己的跑鞋,眼前就会浮现出母亲辛苦工作的身影,然后他就会打起十二分精神,继续训练。

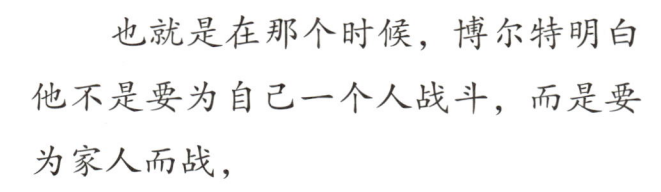

也就是在那个时候,博尔特明白他不是要为自己一个人战斗,而是要为家人而战,

**他要用跑步
帮助自己贫穷的家庭
早日摆脱困境。**

博尔特带着母亲的爱埋下了努力的种子,
这颗种子生根发芽,正在慢慢地长成一棵参天大树。

无敌飞人也有**落寞时刻**，他这样度过人生低谷

2001年，加勒比共同体运动会

未满15岁的博尔特摘得了U17男子组200米和400米项目的银牌。

2002年，世界青年锦标赛

未满16岁的博尔特在家门口扬眉吐气，以20.61秒的成绩拿下男子200米项目冠军，成为历史上**最年轻的世界青年锦标赛冠军得主**。

2004年，加勒比共同体运动会

博尔特在U20男子组200米项目中跑出了19.93秒的成绩，成为历史上**首位**在200米的比赛中跑入20秒的青年运动员。

与生俱来的**天赋**加上辛勤刻苦的**努力**，让博尔特在田径运动场上大放异彩。

短短几年时间，博尔特就拿下了青年运动员可以拿下的很多荣誉。

这个无敌飞人意气风发，准备在接下来的雅典奥运会上继续大展身手，

但命运在这个时候跟他开了一个玩笑。

奥运会是世界顶级的舞台，是每一个运动员的梦想。

2004年雅典奥运会是博尔特参加的第一届奥运会，他非常珍惜这次机会，于是训练得比平时更加刻苦。

200米比赛那天，博尔特做好起跑准备，心脏因为紧张和激动狂跳不止。

各就位，预备——

啪！号令枪一响，博尔特立即像闪电一样冲了出去。可是，他刚跑了两步，**脚腕突然传来一阵撕裂般的疼痛**。

不好！怎么在这个节骨眼上受伤了？博尔特握紧拳头，忍着疼痛坚持着跑到了终点，结果他的成绩大打折扣，仅仅21.05秒。

博尔特万万没想到，自己的首次奥运之旅竟然就这样收场了。他为此懊恼不已，但坏运气却没有就此终结。

2005年赫尔辛基世界田径锦标赛，博尔特再一次因为伤病失利了。他迟迟未能在世界田径大赛中证明自己，他的赛跑生涯好像被一只残酷的大手按下了暂停键。

"很难恢复了！"

"博尔特不行了！"

"他的高峰时刻已经结束了！"

外界的冷言冷语就像一双双看不见的大手，把博尔特从高空直接拉向了谷底。

那段时间，博尔特饱受伤病折磨，他的信心、斗志、勇气，与身上的光芒一并消失了。他陷入迷茫，不知道该如何证明自己，只知道自己不能停下，得一直跑下去。

终于，一直以来的埋头苦练有了效果，博尔特渐渐恢复了状态。

2006年，博尔特再次跑进20秒大关，并接连拿到了一些世界大赛的奖牌。

在这个过程中，博尔特积累了很多比赛经验，但200米的成绩似乎没能取得很大的突破。

这时，一个大胆的念头忽然从脑海中闪过。博尔特马上找到教练，对他说：

> 教练，既然200米成绩现在很难突破，那我可不可以试试100米？

> 如果你能打破200米的全国纪录，可以让你试试。

教练接受了博尔特的提议，但他隐隐有些担心。

博尔特身高1.95米，重心比较高，起跑可能会比别人慢，而100米距离很短，起跑后留给博尔特加速和超越对手的距离只有几十米，这对他来说是个难题。

教练把他担心的情况告诉了博尔特，博尔特想了想说："那我就起跑后跑得快一点儿，我腿长、步幅大，经过努力训练，一定能把落下的赶上来。"

短短的几十米，要赶上别人哪有那么容易啊！为了提高奔跑的速度，博尔特**加大训练强度**，仿佛变成了一个不知道疲倦的机器人。

身上的衣服一次次被汗水浸透，两条腿累得好像失去了知觉，

博尔特依然不肯停下来，教练看着他十分心疼。

功夫不负有心人,博尔特奔跑的速度一次比一次快。

2007年牙买加锦标赛,博尔特跑出了19.75秒的成绩,成功打破了200米的全国纪录。教练也遵守了承诺,很快为博尔特安排了他人生第一场100米的比赛。

号令枪一响，运动员们便以闪电般的速度冲了出去，博尔特稍稍落后了一点儿。

现场的观众都以为博尔特要失败了，谁知博尔特奋起直追，眨眼间就冲到了最前面。

人们还没看清楚是怎么回事，他已经**率先冲向了终点**。

博尔特在100米首秀就跑出了10.03秒的惊人成绩，让所有人大吃一惊。只有教练知道这是博尔特应得的，因为他为此付出了太多。

这次成功的尝试彻底改变了博尔特的职业生涯——随后他便**彻底统治了跑道**。

2008年5月，博尔特两次在100米比赛中跑进10秒，并且在5月31日的纽约锐步田径大奖赛中，一举以9.72秒的成绩打破了100米世界纪录。

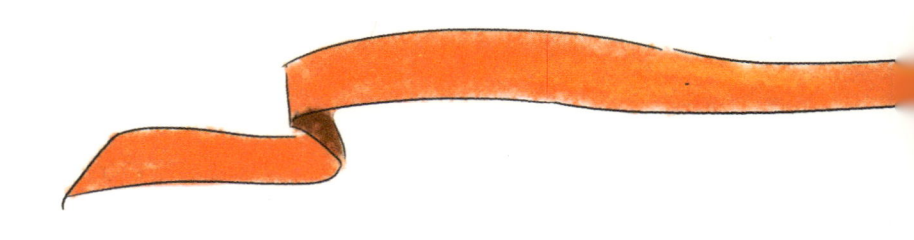

NEW WR

9.72

博尔特
成了名副其实的
"世界第一飞人"！

此时的博尔特已经成为跑道上最闪耀的巨星,接下来迎接他的挑战是**2008年北京奥运会**。

上一次奥运会上失败的经历还历历在目,博尔特暗暗发誓,这次一定要在北京奥运会上一雪前耻,把在低谷中积攒的愤怒与不甘全都甩掉。

事实证明，博尔特绝对有这样的实力。在北京奥运会上，他先后**打破了100米和200米的世界纪录**。随后他还与队友一起打破了美国队创造的4×100米接力的世界纪录。

博尔特就此成为历史上首位能够在一届奥运会上同时获得100米、200米和4×100米接力金牌（后因队友卡特兴奋剂违规而被取消），并**打破世界纪录**的人。世界体坛最闪耀的一颗巨星，以举世震惊的方式站在了奥运会的舞台上。然而这并不是他职业生涯的最高峰，往后的岁月里，他继续谱写着传奇的故事。

天赋 + 努力 成就伟大，
他谱写出体育史上最华丽的乐章

博尔特的速度快得像闪电，让人惊叹的同时，也让人产生了一个疑问：

他还能再快吗？

他的极限究竟在哪里？

这个问题很快就有了答案。2009 年的柏林田径世锦赛，博尔特在男子 100 米比赛中跑出了 **9.58 秒** 的成绩，成为人类历史上首位跑进 **9.60 秒** 大关的运动员。

在几天后的200米决赛中,他再次用神奇的表现震惊了世界,以19.19秒的成绩刷新了自己保持的世界纪录,也由此成为200米比赛历史上首位突破19.20秒大关的选手。

在田径运动中,男子100米和男子200米的世界纪录,一直被视作人类最难以突破的极限成绩。

但博尔特在跑道上一次次地刷新极限,每一次刷新都让他离人类历史上最伟大的运动员更进一步。

随后的岁月里,博尔特依旧保持着统治力。

2012年伦敦奥运会的男子100米决赛，博尔特以 **9.63秒** 的成绩夺冠。这个成绩虽然未能打破他自己创造的世界纪录，但他却超越了4年前自己在北京创造的奥运会纪录。

在随后的200米决赛中，博尔特再次以 **19.32秒** 的成绩完成卫冕。

灿若星辰的体育史上，博尔特再度写下了浓墨重彩的一笔。他成为奥运会历史上首位成功卫冕男子100米和男子200米两个项目的选手。

　　此外，他还和自己的队友联手拿下了4×100米接力的金牌，并以36.84秒的成绩再次打破了世界纪录。

4年之后的里约奥运会，博尔特用加倍努力的训练和超乎寻常的自律，克服年龄增长带来的挑战，最终拿下男子100米、200米和4×100米接力的冠军。

从北京到伦敦，再从伦敦到里约，博尔特实现了对男子100米、200米和4×100米项目的垄断性统治。

博尔特为什么能取得这么大的成功？从他的两条腿上就能找到答案。

博尔特腿长腰细，从身体条件来说他并不适合短跑；但是，他却拼命地苦练，硬生生地把大腿围度练到了64.5厘米，这个数字甚至超过了一些举重运动员。

由此可见，博尔特为了增加腿部力量，锻炼大腿的爆发力，付出了多少。正是得益于这样非凡的付出，他才能将本是缺点的大长腿，改造成为粗壮有力的"发动机"，进而支撑他一次次谱写人类体育史的华丽乐章。

遗憾本就是**完美的注脚**，闪电般开始英雄般告别

相较于辉煌到无以复加的职业生涯，博尔特的告别却显得格外悲壮。

2017年伦敦田径世锦赛，男子4×100米接力决赛，这是博尔特职业生涯的最后一场比赛，他很想把最好的表现留在赛场上，给自己一个完美的告别。观众也都睁大了眼睛，想要见证世界第一飞人的谢幕之战。

这场比赛博尔特跑第四棒，接棒后他一如既往地拼命向前冲，眼看胜利就在眼前，意外却发生了。

博尔特肌肉拉伤了，他咬着牙坚持跑了两步，但剧烈的疼痛感让他再也坚持不下去了，他咚的一声倒在了地上。

队友们慌了神，纷纷上前查看他的情况，工作人员也立刻推着轮椅赶过来。博尔特在队友的搀扶下站了起来，但他没有坐在轮椅上，而是**一瘸一拐地走过了终点线**。

这条曾经让他留下无数荣誉的跑道,这段他曾经无数次用不到 10 秒的时间跑过的路程,就在这一次,他不得不告别了,他艰难地、悲壮地、不舍地、缓缓地完成了告别,为自己的跑步生涯画上了一个句点。

这个悲壮的结局或许是很多人难以接受的,但好在我们看到的是,**博尔特一直奔跑在自己的赛道上,直到倒下的那一刻**。这样的博尔特更加让人敬佩。

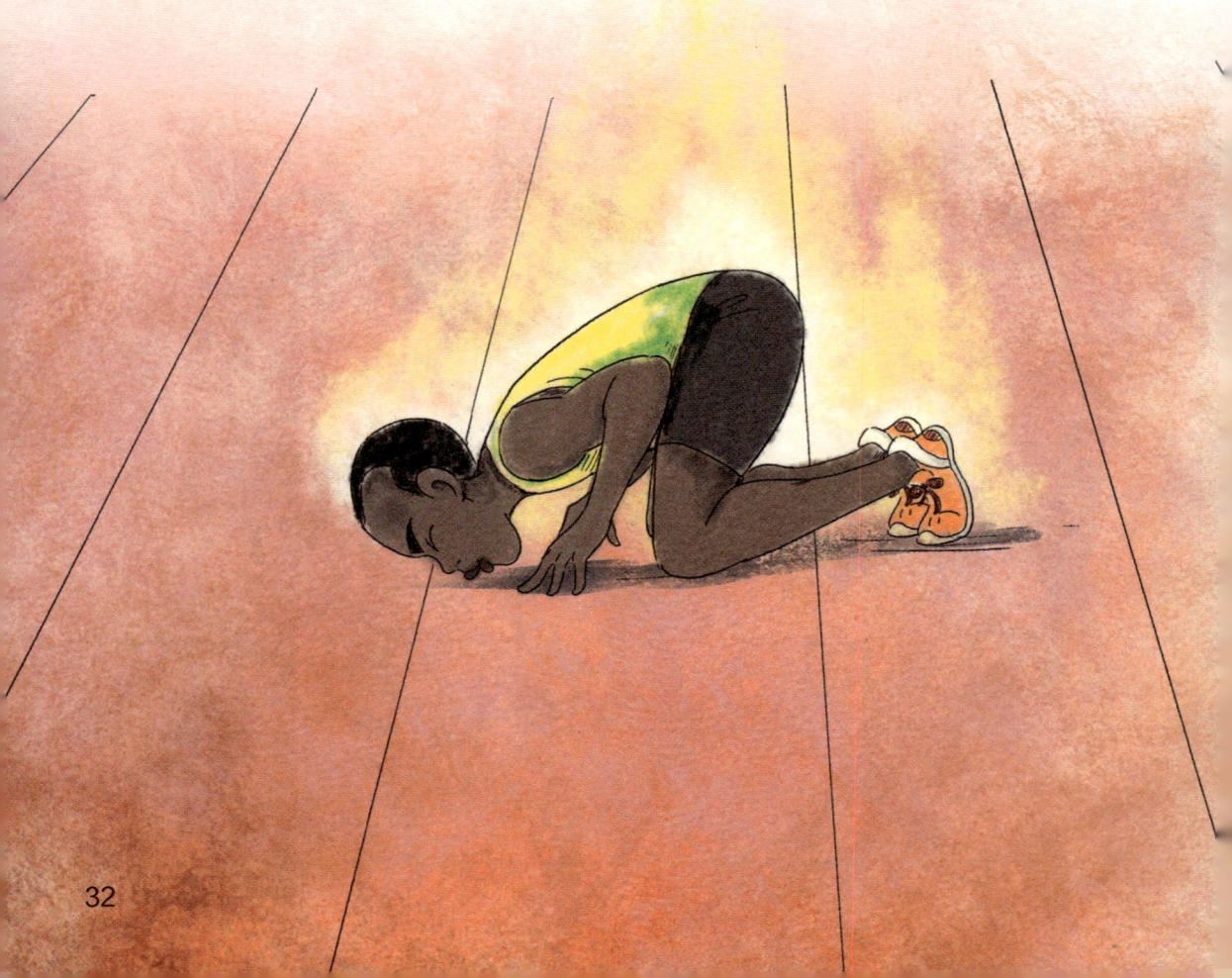

遇到挫折时，
博尔特没有一蹶不振，
而是**积极地寻找解决问题的方法**。

发现自己的身体有短板时，
博尔特没有打退堂鼓，
而是**用艰苦卓绝的努力克服劣势**，
把优势发挥到最大。

这些品质是博尔特成功的关键，
也是最值得我们学习的地方。

博尔特

BOERTE

牙买加

短跑运动员

2004 年成为职业运动员

男子 100 米、200 米世界纪录保持者

首位实现奥运会田径项目"三双"的运动员

2017 年退役

媒体评价:他将径赛从一项将死的运动,重新变成了一项明星运动。

荣誉记录
RONGYUJILU

体育名人堂

- **3 次奥运会田径项目双冠军**
  - 2008 年北京奥运会男子 100 米、200 米
  - 2012 年伦敦奥运会男子 100 米、200 米
  - 2016 年里约热内卢奥运会男子 100 米、200 米

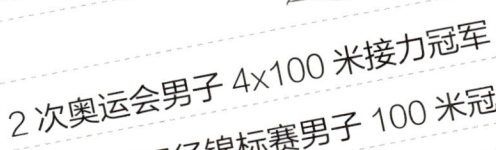

- **2 次奥运会男子 4×100 米接力冠军**
- **3 次世界田径锦标赛男子 100 米冠军**
- **3 次世界田径锦标赛男子 200 米冠军**
- **4 次世界田径锦标赛男子 4×100 米接力冠军**

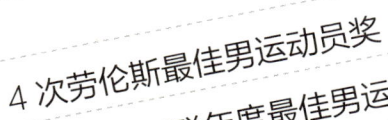

- **4 次劳伦斯最佳男运动员奖**
- **6 次国际田联年度最佳男运动员**
- **男子 100 米世界纪录保持者**（9.58 秒）
- **男子 200 米世界纪录保持者**（19.19 秒）

百米赛跑

BAIMI SAIPAO

简介

100米赛跑是一项室外田径短跑项目，同时也是最流行、最知名的田径项目之一。该项目为短距离径赛项目，必须使用起跑器起跑。获得奥运会100米项目冠军的人通常被称为"世界上跑得最快的人"。

比赛规则

运动员在预赛时由抽签决定赛道，决赛时赛道一般由预赛成绩决定。比赛时运动员到各自赛道就位，起跑后不能串道，否则成绩无效。

起跑时，运动员只要抢跑一次，就会被立刻取消资格。

比赛场地

国际性短跑比赛用的场地为周长400米的橡胶跑道。其中，100米赛跑在直道上进行，起点通常设置在延长线上，以使其成为一条直线。

参赛者的名次取决于其身体躯干（不包括头、颈、臂、腿、手或足）抵达终点线后沿垂直面时的顺序，以先到达者名次列前。

37

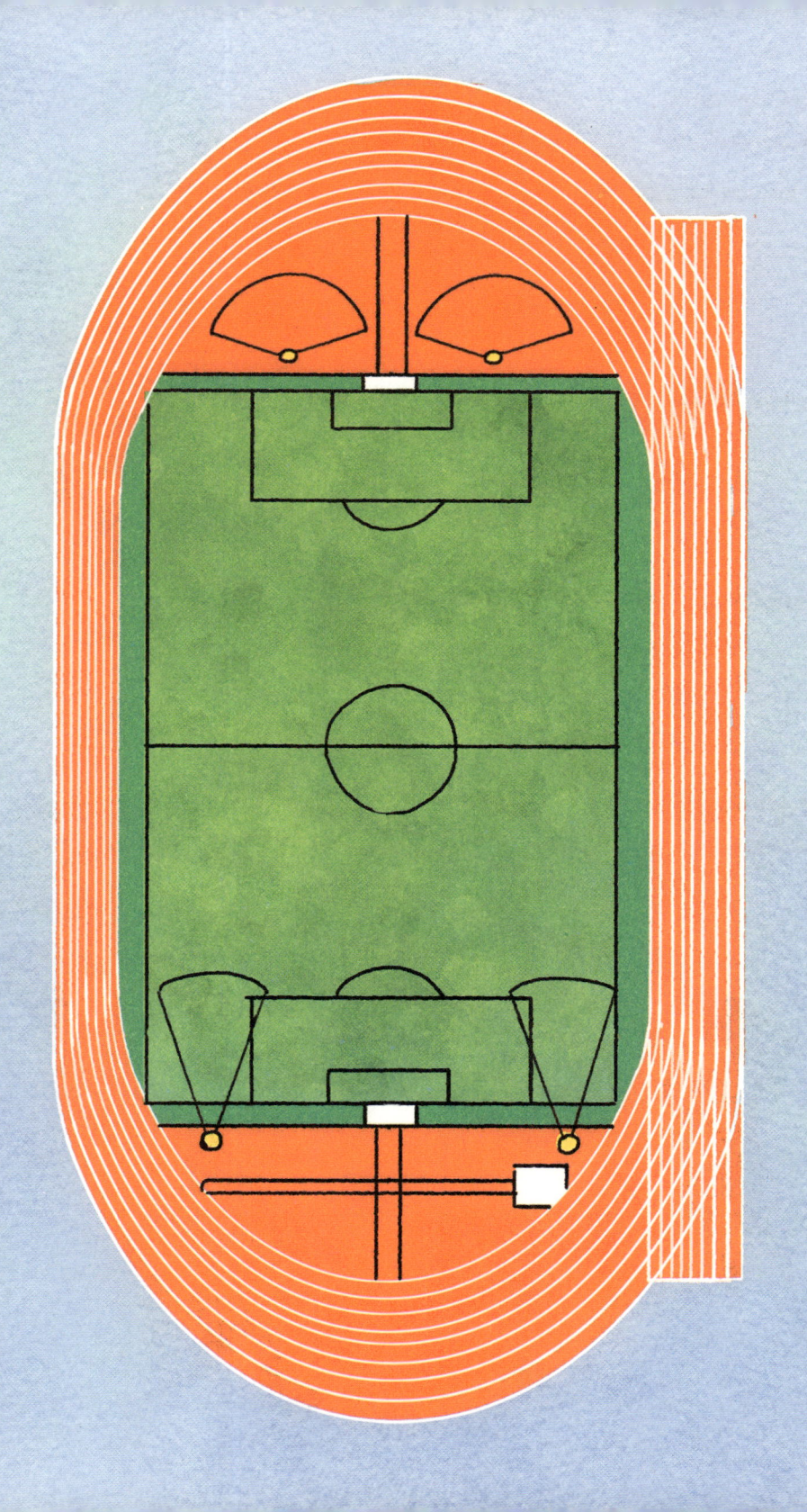

著名赛事

奥运会田径比赛：

自 1896 年第一届奥运会开始，田径运动就是主要的比赛项目之一，同时也是奥运会金牌最多的项目。

世界田径锦标赛：

创始于 1983 年，由国际田联主办，最初是每四年一届，1991 年起改为每两年一届。

国际田联钻石联赛：

国际田联于 2010 年推出的一项覆盖全球的年度田径系列赛，共设 14 站。

小知识

男子 100 米
亚洲纪录：9.83 秒
苏炳添

女子 100 米
世界纪录：10.49 秒
弗洛伦斯·格里菲斯-乔伊纳

男子 100 米
世界纪录：9.58 秒
尤塞恩·博尔特